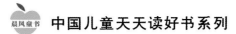

中国儿童天天读好书系列

图解动物小百科

中国人口出版社
China Population Publishing House
全国百佳出版单位

编者的话

　　孩子从呱呱坠地时起，就对整个世界充满了好奇，当孩子对这个五彩缤纷的世界睁大好奇的眼睛时，他们的心里充满了求知和探索的欲望。

　　本套小百科分为宇宙、地球、恐龙、海洋、动物和汽车六个主题，是专门为孩子编写的百科全书。丛书内容丰富，图画精美，极具知识性和趣味性，深入浅出地介绍了孩子们最好奇的知识领域，不仅能开阔视野，激发学习和探索的兴趣，更能启迪心灵。相信孩子们一定能够找到自己感兴趣的知识，并在它的伴随下，度过快乐的童年时光。

目录

哺乳动物

哺乳动物是脊椎动物中身体构造最复杂、最高等的类群，通称兽类。哺乳动物由爬行动物演化而来，具有许多进步的特征，是现今自然界中占优势的类群。哺乳动物的主要特征是：体表长有毛发；体温恒定；胎生、哺乳等。

虎

分　类 哺乳纲—食肉目—猫科

栖息地 亚洲，北至俄罗斯西伯利亚，南抵印度尼西亚、印度的森林山地

hǔ quán
虎全
shēn zhǎng mǎn dàn
身长满淡
huáng sè huò hè
黄色或褐
sè de máo
色的毛，
tǐ biǎo yǒu hēi
体表有黑

sè héng wén　qián é yǒu sì　wáng　zì xíng bān wén　hǔ de tǐ
色横纹，前额有似"王"字形斑纹。虎的体
xíng wēi wǔ　sì zhī qiáng jiàn　jīng cháng zài lí míng hé huáng hūn shí chū
形威武，四肢强健，经常在黎明和黄昏时出
lái bǔ shí yě zhū　lù　líng yáng děng　zhōng guó shì chǎn hǔ zhī
来捕食野猪、鹿、羚羊等。中国是产虎之
guó　dàn shì　xiàn zài hǔ de shù liàng yuè lái yuè shǎo le　dōng
国，但是，现在虎的数量越来越少了，东
běi hǔ　huá nán hǔ yǐ bīn lín miè jué　bèi liè wéi guó jiā yī
北虎、华南虎已濒临灭绝，被列为国家一
jí bǎo hù dòng wù
级保护动物。

狮

分　类　哺乳纲—食肉目—猫科

栖息地　非洲、亚洲西部及印度孟买林区

狮是地球上力量最强大的猫科动物之一，毛通常为黄褐色或暗褐色，尾端有长的毛丛。漂亮的外形、威武的身姿、王者般的力量和梦幻般的速度，使它获

得了"万兽之王"的美誉。狮通常在夜间活动，主要捕食羚羊、斑马、长颈鹿等。

● **知识拓展** ●

　　雄狮拥有漂亮的鬃毛，长长的鬃毛一直延伸到肩部和胸部，而且鬃毛越长、颜色越深，越能吸引雌狮的注意。

长颈鹿

分　类 哺乳纲—偶蹄目—长颈鹿科

栖息地 非洲草原和灌木丛

长颈鹿是非洲的一种特有动物，生活在非洲热带、亚热带广阔的草原上，以植物叶子为食。长颈鹿眼大而突出，位于头顶上，适于向远处观望。它们平时结成七八只的小群，有时也集成数十只的大群活动。

长颈鹿机警、胆小，听觉和视觉非常敏锐，腿很长，遇到敌人时马上逃跑，奔跑十分迅速。

● **知识拓展** ●

　　长颈鹿是陆地上身体最高的动物，站立时由脚至头可达6～8米，刚出生的幼崽就有1.5米高；颜色、花纹因产地而异，有斑点型、网纹型、星状型、参差不齐型等。

象

分　类 哺乳纲—长鼻目—象科

栖息地 非洲、亚洲的印度、巴基斯坦、孟加拉国、泰国、缅甸、老挝、柬埔寨、越南及中国云南等地

世界上现存的象有两种：亚洲象和非洲象，它们身材高大，肩高2.5~3米，皮厚毛少，四肢如柱子般粗壮。象的鼻子很长，能屈伸自如，除了用于嗅觉外，还能探索和取食。此外，象的头也很大，还有两个如扇子

一样的大耳朵。象主要以树叶、果实、树枝等植物为食。

● 知识拓展 ●

　　象是现代地球上最大的陆生脊椎动物，上颌门齿特别发达，突出于唇外，即通常所说的"象牙"，坚硬的象牙可以作为攻击的武器。

大熊猫

分　类 哺乳纲—食肉目—大熊猫科

栖息地 中国四川西部和北部，甘肃南部，陕西西南部

大熊猫憨态可掬，体形肥硕似熊，长约1.5米，肩高约65厘米，尾巴很短，头部和身体毛色黑白相间。

大熊猫是国家一级保护动物，生活在高山有竹丛的树林中，喜欢吃竹类植物，也吃小动物。它们能泅水，会爬树，性格孤僻，不喜欢群居，视觉、听觉比较迟钝。

　　大熊猫是中国的特产。大熊猫的家族
非常古老，曾经和大熊猫同一时期的动物
早已灭绝，而大熊猫一直生存至今，因此
有"活化石"之称。

棕熊

分　类 哺乳纲—食肉目—熊科

栖息地 中国黑龙江、吉林、四川、甘肃、贵州、西藏、青海、新疆等地；欧洲、小亚细亚、印度和北美

棕熊躯体粗壮肥大，体长约2米，高约1米，通常呈棕褐色，耳朵上有黑褐色的长毛。小棕熊棕黑色，胸部有白纹，延伸到肩部前面，前、后肢黑色。棕熊生活在北温带山林地区，主要吃植物的幼嫩部分和果实，也吃昆虫（特别是蚁类）和多种脊椎动物。棕熊平时行走起来慢吞吞的，但是当追赶猎物时，它会跑得很快。

猴

分　类　哺乳纲—灵长目—猴科

栖息地　亚洲、非洲、美洲的温暖地带

猴的种类很多，外形略像人，喜欢群居生活，身上有毛，多为灰色或褐色。

猴类属于灵长动物，适应能力强，大脑发达，非常聪明，行动十分灵活。猴的口腔内有储存食物的颊囊，主要采食野果、野菜，也吃昆虫、小鸟等，是杂食性动物。

● 知识拓展 ●

　　猕猴又称广西猴、恒河猴，聪明活泼，行动灵活，容易驯化，马戏团多用这种猴驯化后表演。

狼

分　类 哺乳纲—食肉目—犬科

栖息地 亚洲、欧洲和北美洲

狼体长1~1.6米，尾长33~50厘米，足长，体瘦，尾巴垂于两个后肢之间，看起来就像夹着尾巴一样。狼的耳朵竖立，不弯曲，毛的颜色随着产地的不同而不同。狼栖息于山地、平原和森林间，非常凶暴，冬天集合成群，袭击野生和家养的禽、畜，是危害畜牧业的野兽之一。

狼的眼睛在黑暗中能发出幽幽的光，非常可怕，这其实是因为狼的眼球里有一层虹膜，能反射光线的缘故。有了这样特殊的眼睛，狼才能在黑暗中看清猎物。

豹

分　类 哺乳纲—食肉目—猫科

栖息地 广布于亚洲和非洲各地

豹长得很像虎，但比虎小，身上有很多斑点和花纹。豹善于奔跑，其中猎豹是奔跑速度最快的猛兽，平均时速可达100~120千米，但不能持久。豹很凶猛，能上树，捕食其他兽类，有时还伤害人畜。常见的豹有金钱豹、雪豹、猎豹等。

狐

分类 哺乳纲—食肉目—犬科

栖息地 中国、日本、朝鲜半岛、蒙古、欧洲、北
非、中东、南亚等地

狐又称红狐、赤狐、草狐，通称狐狸。狐狸尖嘴大耳，长身短腿，身后拖着一条长长的大尾巴，毛色变化很大，一般呈赤褐、黄褐、灰褐色，耳背上部及四肢前外侧为黑色，尾尖白色。

狐狸生活在森林、草原、半沙漠、丘陵地带，居住于树洞或土穴中，行动灵敏，主要以鼠类为食，平时喜欢独居，生殖时才结小群。

斑马

分　类 哺乳纲—奇蹄目—马科

栖息地 南非和西南非山地；苏丹、埃塞俄比亚、
索马里一带；东南非

斑马产在非洲，外形像马，肩高1.2~1.3米，全身的毛呈淡黄色，身上有黑色斑纹，臀和股部斑纹较宽。斑马身上的条纹是同类之间相互识别的主要标记之一，也是适应环境的保护色。

斑马听觉灵敏，群居生活。

22

大猩猩

分　类　哺乳纲—灵长目—猩猩科

栖息地　非洲西部和东部赤道地区

大猩猩又叫"大猿"，是类人猿中最大的一种，雄性高约1.65米，雌性高约1.40米，毛黑褐色，前肢比后肢长，适于在地上生活。

大猩猩的脑比人脑小得多，但结构和人脑

最相似。它们栖息于密林中，雌性和幼仔常居住于树上，雄性多在地面上生活。大猩猩性情凶暴，以植物嫩芽和野果为食。

大猩猩是素食动物，喜欢群居，通常
3～5只在一起生活，现在已经被列为重点
保护动物。

狒 狒

分　类 哺乳纲—灵长目—猴科

栖息地 非洲东北部及亚洲阿拉伯半岛

狒狒的外形像猴，雌、雄大小相差悬殊，雌性比雄性小很多。

狒狒的头部形状像狗，很大；四肢粗壮；毛浅灰褐色；面部肉色，光滑无毛；手脚黑色。狒狒是群居动物，杂食野生植物、昆虫及小型爬行类动物，有时它们会成群盗食农作物。

袋鼠

分　类 哺乳纲—有袋目—袋鼠科

栖息地 澳大利亚

袋鼠以植物为食，夜间活动，所有雌性袋鼠都长有育儿袋，育儿袋里有四个乳头。袋鼠宝宝发育未完全即产出，只有花生米那么大，需要在育儿袋内哺育。大约八个月后，小袋鼠才能离开袋子独立生活，但只要遇到威胁，还是会习惯地跳进妈妈的育儿袋避难。

　　袋鼠是澳大利亚特有的有袋类动物，它们前肢较小，后肢很发达，善于跳跃，是跳得最高、最远的哺乳动物。

骆驼

分　类 哺乳纲—偶蹄目—骆驼科

栖息地 阿拉伯半岛、印度及非洲北部，中国及中亚

骆驼头小，脖子长，身体很大，背部有一或两个驼峰，毛呈褐色，鼻孔能够开闭，四肢很长，适于沙地行走。骆驼有高度耐饥渴的能力，嗅觉灵敏，能嗅出远处的水源，又能预感大风的到来。骆驼可供骑乘或运货，是沙漠地区的主要畜力，有"沙漠之舟"的美称。

●知识拓展●

骆驼分为单峰驼和双峰驼，驼峰里贮存着脂肪。在得不到食物的情况下，驼峰里的脂肪能够分解成身体需要的营养和水分，供生存需要。

河马

分　类 哺乳纲—偶蹄目—河马科

栖息地 热带非洲的河流、湖沼地带

hé mǎ shēn tǐ
河马身体
yóu yì céng hòu hòu de
由一层厚厚的
pí bāo guǒ zhe　　pí
皮包裹着，皮
chéng hēi hè sè jiān chì
呈黑褐色兼赤
zǐ sè　　　chú wěi ba
紫色，除尾巴
shang yǒu yì xiē gāng máo
上有一些刚毛

wài　　shēn tǐ shang jī hū méi yǒu máo
外，身体上几乎没有毛。

　　hé mǎ de pí fū yóu yú luǒ lù zhe　　yīn cǐ pí fū shang de
　　河马的皮肤由于裸露着，因此皮肤上的
shuǐ fèn zhēng fā bǐ qí tā bǔ rǔ dòng wù duō　　rú guǒ cháng shí jiān lí
水分蒸发比其他哺乳动物多，如果长时间离
shuǐ huì gān liè　　suǒ yǐ hé mǎ bì xū dāi zài shuǐ li huò cháo shī de
水会干裂，所以河马必须待在水里或潮湿的
qī xī dì　　yǐ fáng tuō shuǐ
栖息地，以防脱水。

河马性温和，喜欢群居，以草类或水生植物为食，每胎产一仔，偶尔两仔，五年左右性成熟。

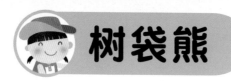

树袋熊

分　类 哺乳纲—有袋目—树袋熊科

栖息地 澳大利亚的昆士兰、新南威尔士、维多利亚等地

树袋熊又叫考拉，生活在澳大利亚，是珍贵的原始树栖动物。

树袋熊善于爬树，以桉树叶为食，几乎很少饮水。

因为从树叶中获得的热量很少，它们不得不减少活动量，一天大部分时间都在睡觉。

浣熊

分　类 哺乳纲—食肉目—浣熊科
栖息地 分布于北美洲和中美洲

浣熊是珍贵的毛皮兽，外形像貉，体粗、肢短，体长65~75厘米，尾巴长约25厘米。身体和四肢呈灰色，略带黑色，尾有黑白相间的环纹，样子非常可爱。

浣熊食前有把食物在水中洗濯的奇怪习惯，故此得名。

浣熊喜欢栖息在树上，白天蜷伏在窝内，夜间出来觅食，喜食软体动物、蟹和鱼类等，也吃植物性食物。

梅花鹿

分　类　哺乳纲—偶蹄目—鹿科

栖息地　中国东北、安徽、江西、浙江、台湾、四川等地，也见于朝鲜北部、日本和俄罗斯太平洋沿岸地区

梅花鹿亦称花鹿，体长约1.5米，夏季时毛色呈栗红色，有许多白斑，状似梅花，故此得名。冬季时毛色变为烟褐色，白斑不显著。梅花鹿颈部有鬣毛。雄性第二年起生角，角每年增加一叉，5岁后共分四叉而止。梅花鹿秋末冬初交配，第二年春末夏初产仔，每胎一仔。如今野生梅花鹿日趋减少，为国家一级保护动物。

犀 牛

分 类 哺乳纲—奇蹄目—犀科

栖息地 独角犀牛分布于印度、尼泊尔、不丹；小独角犀分布于马来西亚、缅甸、印度尼西亚等地；黑犀牛分布于非洲；白犀牛分布于南非、乌干达、苏丹；双角犀分布于印度尼西亚苏门达腊以及加里曼丹等地

犀牛身体粗大，外形略像牛，体长2~4米，尾巴长60~76厘米，吻上有一个或两个角。犀牛身上的毛极稀少，皮厚而韧，色微黑，以植物为食。现在犀牛有五种，分别是：独角犀、小独角犀、黑犀、双角犀和白犀。

刺猬

分　类　哺乳纲—食虫目—猬科

栖息地　亚洲中部、北部和欧洲；中国东北、华北
及长江中下游地区

刺猬身体肥大矮小，长20~25厘米，生活在山林、平原、草丛、农作区及灌丛中，昼伏夜出，主要吃昆虫和蠕虫，有时也吃瓜果等。

刺猬身上长着粗短的棘刺，遇敌侵害时，身体会蜷缩成球，浑身竖起钢针般的棘刺，让敌人无法靠近。

● 知识拓展 ●

　　刺猬是异温动物，不能稳定地调节体温，所以有冬眠现象，入冬即进入冬眠状态。

食蚁兽

分　类 哺乳纲—贫齿目—食蚁兽科

栖息地 中美洲和南美洲的热带地区

食蚁兽尾部密生长毛，头细长；眼睛和耳朵极小；吻成管状；没有牙齿；舌头细长，富有黏液，能伸缩，借以舔食蚁类、白蚁及其他昆虫。食蚁兽身体呈灰色，背面两侧有宽阔的黑色丛纹，纹的边缘呈白色。

鸭嘴兽

分　类 哺乳纲—单孔目—鸭嘴兽科

栖息地 分布于澳大利亚南部及塔斯马尼亚岛

鸭嘴兽是最原始而奇特的哺乳动物，是从鸟类到哺乳动物的过渡型动物。雄性体长约60厘米，雌性体长约46厘米。鸭嘴兽的喙扁平突出，状似鸭嘴，因此得名。

鸭嘴兽穴居水边，适应水陆两栖生活，以蠕虫、水生昆虫和蜗牛、甲壳类等为食。

鸭嘴兽是非常古老的动物，历经亿万年，既未灭绝，也没有多少变化，始终在"过渡阶段"徘徊，令人感到奇特又神秘。

犰狳

分类 哺乳纲—贫齿目—犰狳科

栖息地 分布于南美洲、中美洲和美国南部

犰狳头顶有鳞片，形成盔状。躯干部一般分成前、中、后三段，前段和后段有整块不可伸缩的骨质鳞片，中段的鳞片分成绊（带状），以筋肉相连，可伸缩，绊数视种类而异。尾部和四肢也有鳞片，鳞片间有毛。腹部无鳞，有较密的毛。犰狳栖息于疏林、草原和沙漠地区，遇到敌害时缩成一团，就像被坚硬的铁甲包围起来一样。

● **知识拓展** ●

　　动物学家根据犰狳鳞片环带数目的多少，把这个庞大的动物家族分为三带犰狳、六带犰狳、九带犰狳等，此外还有一种王犰狳，又称大犰狳，是犰狳中体型最大的一种。

鲸

分　类　哺乳纲—鲸目
栖息地　广泛分布于全世界的海域

鲸终生生活在海洋中，适应水中的生活环境，外形很像鱼，所以俗称鲸鱼。其实鲸并不是鱼，而是一种水栖哺乳动物。

鲸的体型差异很大，大小因种类而不同，最小的仅1米左右，最大的可达30余米。

鲸的鼻孔有一个或两个，位于头顶。鲸用肺呼吸，在水面吸气后即潜入水中，一般以浮游动物、软体动物及鱼类为食。

●知识拓展●

鲸的皮肤下有一层脂肪，借以保温及降低身体相对密度。

海豚

分类 哺乳纲—鲸目—海豚科

栖息地 广泛分布于海洋中

海豚身体呈纺锤形，长1.5~2.0米，喙细长，有额隆，上、下颌各有尖细的齿90~110枚，眼眶黑色，有背鳍。

海豚以鱼、乌贼、虾、蟹等为食。它们大脑沟回复杂，能学会许多复杂动作，并有较好的记忆力。

● **知识拓展** ●

　　海豚是体型较小的齿鲸类动物，喜欢群居，常常数十头或数百头聚集在一起，活动时列队蜂拥而来。

海狮

分类 哺乳纲—鳍足目—海狮科

栖息地 分布于北太平洋，从加利福尼亚至阿拉斯加、勘察加沿海；中国分布于辽宁、江苏沿海

海狮是海洋中的食肉类动物，主要以鱼类、乌贼及贝类等为食。雄性海狮很大，体长2.5~3.25米，雌海狮较小。海狮白天在近海活动，晚上都上岸睡觉。海狮的四肢呈鳍状，后肢能向前弯曲，使它既能在陆地上灵活爬行，又能像狗那样蹲在地上。

　　南海狮亦称"加州海狮",体褐色,肢黑褐色,主要分布于美国西北部沿海,偶见于亚洲东海。

海豹

分类 哺乳纲—鳍足目—海豹科

栖息地 生活于温带和寒带沿海，多数在北半球

　　hǎi bào shì hǎi yáng bǔ rǔ dòng wù　　tóu yuán　　tǐ cháng yuē
海豹是海洋哺乳动物，头圆，体长约

　　mǐ　　bèi bù huáng huī sè　　wěi ba hěn duǎn　　shēn tǐ chéng liú xiàn
1.5米，背部黄灰色，尾巴很短，身体呈流线

　xíng　 qián　　hòu zhī jūn wéi qí zhuàng　 shì yú zài shuǐ zhōng shēng huó
型，前、后肢均为鳍状，适于在水中生活。

hǎi bào dà bù fen shí jiān qī xī yú hǎi zhōng　 néng qián shuǐ　　　 fēn
海豹大部分时间栖息于海中，能潜水5~8分

zhōng　 zhǔ shí yú lèi　　jiǎ ké lèi hé bèi lèi
钟，主食鱼类、甲壳类和贝类。

海象

分　类 哺乳纲—鳍足目—海象科

栖息地 分布以北冰洋为中心，也见于大西洋和太平洋北部

海象身体粗壮，雄性体长可达3米。头圆，无耳壳，嘴短而阔；上犬齿突出口外，形成獠牙，宛如象牙，可以用来挖掘食物和进攻防守敌人。四肢呈鳍状，后肢能弯向前方，借以在冰块或陆地上行动。海象通常群居于大的浮冰或海岸附近，以牙掘食泥沙中的贝类。

　　海象一般4～6月份产仔，通常每胎
只产一仔。

北极熊

分　类 哺乳纲—食肉目—熊科

栖息地 冰岛、美国、挪威、格陵兰、加拿大和俄罗斯北部许多海岛

北极熊又叫白熊，毛长而稠密，全身白色，稍带淡黄。北极熊身躯庞大，体长可达2.8米。冬季，它们主要以海豹、海鸟和鱼类为食，夏季则捕食旅鸟、鸟卵，也吃野果和植物。北极熊虽然外表蠢笨，但擅长游泳。当海豹在冰块上晒太阳时，北极熊就以出色的游泳技巧，悄悄游过去，趁其不防，捕获海豹。

●知识拓展●

　　北极熊的皮肤是黑色的，能够吸收热量，可以起到保暖的作用；它的毛都是中空的小管子，有保温隔热的作用。这些均有助于北极熊抵御北极的严寒。

猫

分　类　哺乳纲—食肉目—猫科

栖息地　世界各地

猫的身体分为头、颈、躯干、四肢和尾五部分，全身披毛。猫的面部略圆，眼睛很大，瞳孔在光线强时缩小，光线弱时放大。

猫趾端生有锐利的爪，能够缩进和伸出，休息和行走时爪缩进去，捕鼠时伸出来。猫的前肢有五指，后肢有四趾，行动敏捷，善跳跃。

●知识拓展●

　　猫是老鼠的天敌，为人类保护粮食，所以3500年前古埃及人就把猫视为神圣的动物，甚至将猫制成木乃伊随葬墓内。

狗

分　类 哺乳纲—食肉目—犬科

栖息地 世界各地

狗被称为"人类最忠实的朋友"，它的听觉很灵敏，一有动静就会竖起耳朵倾听。狗的种类很多，用途也十分广泛，除了作为宠物饲养，狗还可以用来作牧羊犬、猎犬、警犬以及挽曳、皮肉用犬等，寿命15～20年。

狗是人类最早驯化的家畜，驯化的年代大约在一万年前的新石器时期。狗还是十二生肖中的重要一员。

● **知识拓展** ●

　　狗的皮肤上没有汗腺，只能依靠唾液中水分的蒸发散热来调节体温，所以夏天或剧烈运动时，常可以看到狗张开大嘴，伸出长长的舌头，借以散发热量。

鼠

分类 哺乳纲—啮齿目—鼠科

栖息地 除南极外的世界各地

shǔ de zhǒng lèi hěn duō　　cháng jiàn de yǒu hè jiā shǔ　　huáng xiōng
鼠的种类很多，常见的有褐家鼠、黄胸

shǔ　　hēi jiā shǔ　　xiǎo jiā shǔ　　cháo shǔ　　cāng shǔ　　tián shǔ　　hēi
鼠、黑家鼠、小家鼠、巢鼠、仓鼠、田鼠、黑

xiàn jī shǔ　　shè shǔ　　shā shǔ　　tiào shǔ　　zhú shǔ　　fén shǔ děng
线姬鼠、麝鼠、沙鼠、跳鼠、竹鼠、鼢鼠等。

shǔ méi yǒu quǎn chǐ　　mén chǐ fā dá　　wú chǐ gēn　　zhōng shēng
鼠没有犬齿，门齿发达，无齿根，终生

néng shēng zhǎng　　cháng jiè niè wù yǐ mó duǎn
能生长，常借啮物以磨短。

shǔ néng chuán bō shǔ yì
鼠能传播鼠疫、

liú xíng xìng chū xuè rè　　gōu
流行性出血热、钩

duān luó xuán tǐ bìng děng bìng yuán
端螺旋体病等病原，

bìng wēi hài nóng lín　　cǎo yuán
并危害农林、草原，

dào chī liáng shi　　pò huài zhù cáng
盗吃粮食，破坏贮藏

wù　　jiàn zhù wù děng
物、建筑物等。

蝙蝠

分类 哺乳纲—翼手目

栖息地 分布极广

蝙蝠是具有飞翔能力的哺乳动物，前肢除第一指外都很细长，指间以及前肢与后肢之间有薄的翼膜，通常后肢之间也有翼膜。

蝙蝠分为大蝙蝠和小蝙蝠两大类，前者体大，第一、二指均有爪，以果实为食，如狐蝠、犬蝠；后者体较小，仅第一指有爪，种类较多，一般以昆虫为食，个别种类吃鱼，或吸食其他动物的血，还有吸食花蜜和花粉的。

兔

分　类 哺乳纲—兔形目—兔科

栖息地 世界各地均有，多见于荒漠、荒漠化草原、热带疏林、干草原、森林或树林

兔俗称兔子，是一种草食动物，头部略像鼠，上唇中间有裂缝，牙齿尖利，两只耳朵长长的，眼睛很大并且突出，尾巴很短，善于跳跃，跑得很快，听觉和嗅觉很敏锐，但胆子很小。兔子繁殖能力很强，每胎产仔4~12只，每年可产4~6胎，寿命一般约10年。兔子肉可以吃，毛可供纺织，毛皮可以制衣物。

●**知识拓展**●

兔子的两耳又长又大，且能四面转动，听觉特别灵敏。它经常竖着耳朵，注意四面八方的动静，一有风吹草动就快速躲藏起来。

松鼠

分　类 哺乳纲—啮齿目—松鼠科

栖息地 中国东北、内蒙古、新疆、河北、河南、山西；俄罗斯西伯利亚、蒙古、朝鲜半岛、日本及欧洲

松鼠体长20~28厘米，体毛灰色、暗褐色或赤褐色，腹面白色，冬季耳朵上有毛簇。松鼠身上最引人注目的是那条毛茸茸而又蓬松的大尾巴，看上去非常可爱，长14~21厘米，为体长的三分之二以上。

在秋天，松鼠觅得丰富的食物后，就利用

树洞或在地上挖洞，把食物储存起来，同时以泥土或落叶堵住洞口，这样就不容易被其他动物发现。

　　松鼠从不在窝里进食，而是坐在树枝上，面向太阳，前肢抱着食物送入口中，津津有味地咀嚼品尝，时而竖耳侧听，时而转动双眼环顾四周，举止滑稽，令人发笑。

牛

分类 哺乳纲—偶蹄目—牛科

栖息地 除南、北极外的世界各地

niú fēn niú hé shuǐ niú liǎng shǔ　　zhǔ yào yǒu huáng niú　　liú
牛分牛和水牛两属，主要有黄牛、瘤

niú　　shuǐ niú　　máo niú jí qí zhǒng jiān zá zhǒng děng　　shēn tǐ qiáng
牛、水牛、牦牛及其种间杂种等，身体强

dà　　yì bān yǒu jiǎo　　niú shì cǎo shí xìng fǎn chú dòng wù　　wèi fēn
大，一般有角。牛是草食性反刍动物，胃分

sì shì　　cháng dào hěn fā dá　　niú de shuì mián shí jiān hěn duǎn　　yīn
四室，肠道很发达。牛的睡眠时间很短，因

cǐ yè jiān yě yào jìn shí　　tā men méi yǒu shàng mén yá　　bú huì kěn
此夜间也要进食。它们没有上门牙，不会啃

chī guò ǎi de mù cǎo
吃过矮的牧草。

cóng gǔ zhì jīn　　niú bèi guǎng fàn yìng yòng yú nóng gēng　　jiāo
从古至今，牛被广泛应用于农耕、交

tōng　　jūn shì děng gè gè lǐng yù
通、军事等各个领域。

马

分类 哺乳纲—奇蹄目—马科

栖息地 世界各国

马是草食性家畜，头小，面部长，耳朵直立，颈部有鬃毛，身体庞大，四肢强健，善于奔跑。在古代，农业生产、交通运输和军事等活动都离不开马。但是随着动力机械的发明和广泛应用，马的役用价值在明显下降。

全世界马的品种有200多个，中国有30多个，著名的品种有蒙古马、夏尔马、阿拉伯马、伊犁马等。

马性情温顺，听觉、嗅觉都很灵敏，而且记忆力非常强，能认得经常走过的路，所以有"老马识途"的俗语。

绵羊

分　类 哺乳纲—偶蹄目—牛科

栖息地 世界各地，温带、寒带最多

绵羊是常见的饲养动物，身躯丰满，身上长满绵密的毛，多为白色。绵羊头短，公羊多有螺旋状大角，母羊没有角或角细小。绵羊嘴唇薄而且灵活，适合采食短草；四肢强健，耐渴，喜饮流水。它们胆子小，喜欢成群地在一起。绵羊主要用于产毛和肉，毛是纺织品的重要原料。

● 知识拓展 ●

　　绵羊毛按所含绒毛、两型毛和发毛的多少，分为细毛、半细毛、半粗毛和粗毛四类，其中以细毛品质最好。世界上优良的绵羊毛为美利奴羊毛。

猪

分类 哺乳纲—偶蹄目—猪科

栖息地 世界各地

猪是杂食类动物，一般身躯肥壮，四肢短小，肉可食用，皮可制革；性温驯，适应力强，易饲养，繁殖快；有黑、白、酱红或黑白花等色。

猪的汗腺不发达，因此热的时候它们喜欢浸在水里来散热。现在的家猪是由野猪驯化而成的。据出土文物的同位素测定，中国养猪至少已有6000~7000年的历史。

● 知识拓展 ●

　　猪是六畜之一，主要品种有300多个，根据肉质的不同分为加工用型（制作腌肉、火腿）、生肉用型（一般烹饪）和脂肪用型（制作油脂）。

鱼 类

　　鱼类是生活在水里的低等脊椎动物。它们几乎栖居于地球上所有的水生环境，从淡水的湖泊、河流到咸水的大海和大洋。鱼类用鳍游泳，用鳃呼吸，体温随外界变化而变化。

鲨 鱼

分　类 软骨鱼纲—侧孔总目

栖息地 世界各地的海洋中

鲨鱼身体一般呈纺锤形，身体每侧各有5~7个鳃裂，有一或两个背鳍，尾鳍发达。鲨鱼生活在海洋中，少数种类也进入淡水，性凶猛，行动敏捷，捕食其他鱼类。鲨鱼的视力不发达，但其他感觉器官很完善。

鲨鱼的种类很多，常见的有真鲨、角鲨等。

鳐鱼

分类 软骨鱼纲—鳐形目—鳐科

栖息地 世界各地的海洋中

yáo yú shēn tǐ biǎn píng，chéng yuán xíng，xié fāng xíng huò líng
鳐鱼身体扁平，呈圆形、斜方形或菱

xíng，yǒu wǔ gè sāi kǒng，bèi qí liǎng gè，yí gè huò méi yǒu，
形，有五个鳃孔，背鳍两个、一个或没有，

wěi qí duǎn xiǎo huò méi yǒu。yǒu xiē zhǒng lèi zài xiōng qí hé tóu cè zhī
尾鳍短小或没有。有些种类在胸鳍和头侧之

jiān huò zài wěi cè yǒu yí duì yuán xíng huò cháng xíng fā diàn qì
间或在尾侧有一对圆形或长形发电器。

yáo yú zhǒng lèi hěn duō，yǐ bèi lèi、xiǎo yú、xiǎo xiā děng
鳐鱼种类很多，以贝类、小鱼、小虾等

wéi shí。zhōng guó chǎn de yáo yú yǒu yú zhǒng，cháng jiàn de yǒu kǒng
为食。中国产的鳐鱼有80余种，常见的有孔

yáo、hé shì yáo děng。
鳐、何氏鳐等。

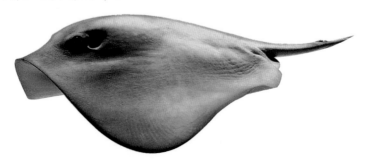

86

● 知识拓展 ●

　　鳐鱼并不凶悍，也不主动袭击人，如果游泳的人不小心惊扰了鳐鱼，它就会用尾巴上的毒刺刺向来犯者，一旦抢救不及时，受伤的人甚至会有生命危险。

海 马

分　类 硬骨鱼纲—海龙科

栖息地 热带海中

海马是一种头部长得像马头的鱼，因此被叫作"海马"。

海马体侧扁而弯曲，一般长10厘米左右，身体呈淡褐色，尾巴细长，能卷曲，常缠附在海藻或漂浮物上。

海马可以扇动背鳍，作直立游泳。

海马的种类较多，以毛虾、磷虾、对虾的幼体等小型甲壳动物为食。

一般动物都是雌性负责生育后代，而海马却是雄性"怀胎"。在繁殖期间，海马妈妈会把卵产在海马爸爸的孵卵囊中孵化。

刺鲀

分类 硬骨鱼纲—鲀形目—刺鲀科

栖息地 广布于太平洋、大西洋、印度洋的暖水海区

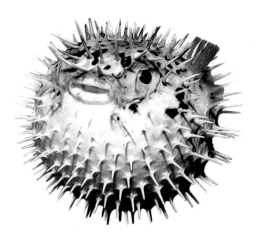

刺鲀长得很像陆地上的刺猬。

刺鲀身体呈卵圆形，浑身长着粗棘，口小，尾鳍呈圆形，有气囊。当遇到敌人时，刺鲀会吸进空气或水，使腹部膨胀，皮肤上的刺都竖立起来，用以自卫。中国沿海均产刺鲀，常见的有六斑刺鲀，体长约12厘米；眶棘短刺鲀，体长约8厘米。

　　大西洋里生活着刺鲀的一个种——磨球鲀，连鲨鱼都不是它们的对手。当鲨鱼把磨球鲀吞进肚子后，磨球鲀立即全身膨胀，就像一只刺猬，在鲨鱼的肚子里翻滚撕咬，最后鲨鱼会疼痛而死。

箱鲀

分　类 硬骨鱼纲—鲀形目—箱鲀科

栖息地 热带和亚热带的近海底层

xiāng tún de shēn tǐ chéng　　biān xíng　　　dà bù fen shēn tǐ dōu bāo
箱鲀的身体呈3~6边形，大部分身体都包

zài yí gè jiān yìng de xiāng zhuàng gǔ jiǎ li　　zhǐ lù chū wěi bù　　néng
在一个坚硬的箱状骨甲里，只露出尾部，能

huó dòng
活动。

xiāng tún de zuǐ hěn xiǎo　　　yá chǐ chéng yuán zhuī xíng　　méi yǒu fù
箱鲀的嘴很小，牙齿呈圆锥形。没有腹

qí　　yǒu yí gè duǎn xiǎo de bèi qí　　wěi qí chéng yuán xíng　　wěi bǐng
鳍，有一个短小的背鳍，尾鳍呈圆形，尾柄

xì xiǎo
细小。

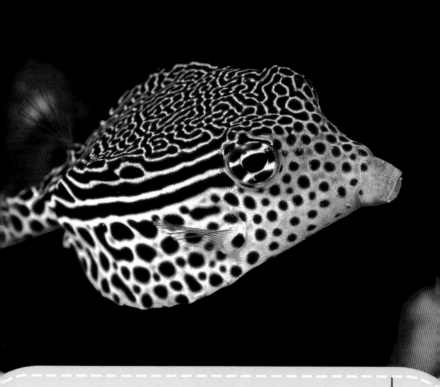

蝴蝶鱼

分类 硬骨鱼纲—蝴蝶鱼科

栖息地 热带珊瑚礁中

蝴蝶鱼的外形与陆地上的蝴蝶一样，有着五彩缤纷的图案，大部分分布在热带地区的珊瑚礁中。它们以珊瑚枝及小型甲壳类为食，长10~20厘米，头小，吻短或尖突，口小，能伸缩。

蝴蝶鱼有一个背鳍，尾鳍呈圆形或截形，身体上有小栉鳞，种类很多。

蝴蝶鱼由于体色艳丽，深受观赏鱼爱好者的青睐。

　　许多蝴蝶鱼真正的眼睛藏在穿过头部的黑色条纹之中，而在尾柄处或背鳍后留有一个非常醒目的"伪眼"，再加上蝴蝶鱼在海中总是倒着游动，因而常使捕鱼者将其尾部误认为头部。

小丑鱼

分　类 鲈形目—雀鲷科

栖息地 热带珊瑚礁中

小丑鱼是一种热带咸水鱼，身上有一条或两条白色条纹，很像京剧中的丑角，所以俗称"小丑鱼"。

小丑鱼体色艳丽，这常常会给它带来杀身之祸，因此小丑鱼总是穿梭于带毒刺的海葵之间。海葵的毒刺可以保护小丑鱼，而小丑鱼则吃海葵消化后的残渣。它们之间形成了密不可分的共生关系，因此小丑鱼又被称为"海葵鱼"。

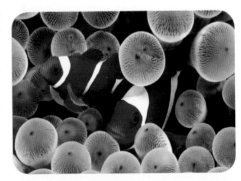

● 知识拓展 ●

　　小丑鱼喜欢群体生活，每个小丑鱼种群中都有一个占统治地位的雌鱼和几个成年雄鱼，后者在青年期是雌雄同体的，如果雌鱼首领死亡，其中一只雄鱼就会变成新的雌性，成为首领。

爬行动物

　　爬行动物是用肺呼吸、混合型血液循环的变温脊椎动物。它们在两栖动物的基础上，更加完善了对陆地环境的适应，彻底摆脱了对水生环境的依赖，活动范围更加广泛，主要行动方式为爬行。冬季气温较低时，会潜伏地下、树洞等处进行冬眠。

蛇

分　类 爬行纲—蛇目

栖息地 除南极洲、新西兰及爱尔兰等岛屿之外的
世界各地

蛇属于脊椎动物中的爬行动物，身体圆而细长，全身覆盖着鳞片，无脚。蛇虽然有一对又圆又宽的眼睛，却是高度近视，只对活动的动物敏感。一般分无毒蛇和有毒蛇，毒蛇和无毒蛇的体征区别有：毒蛇的头一般是三角形的，口内有毒牙，牙根部有毒腺，能分泌毒液；一般情况下尾很短，并突然变细。无毒蛇头部椭圆形，口内无毒牙，尾部是逐渐变细。

鳄

分　类 爬行纲—鳄目—鳄科

栖息地 海湾里或淡水江河边的林荫丘陵

鳄俗称鳄鱼，体型大，四肢粗壮，后肢较长；尾长而侧扁，是在陆地上支撑其身体和水中游泳的平衡器。鳄鱼全身有灰褐色的硬皮，覆以角质鳞，鳞下有真皮形成的骨板；躯干背、腹面及尾部鳞片略呈方形，纵横排列成行；四肢短，前肢五指，后肢四趾，趾间有蹼，便于爬行，也适于游泳。鳄鱼性情凶猛，喜欢捕食鱼、蛙和鸟类等。

● 知识拓展 ●

　　鳄是现存最大的爬行动物。现在的鳄类约有23种，大部分分布在热带和亚热带地区，中国的扬子鳄和北美洲的密西西比鳄是分布较北的种类。

蜥蜴

分　类 爬行纲—蜥蜴目

栖息地 热带与亚热带

蜥蜴是一种爬行动物，身体表面有细小的鳞片，多数有四肢，尾巴细长，为迷惑敌害，可自行断掉，以后可再生新尾。

蜥蜴舌头的形状、长短随种类而异。有些种类有颅顶眼，眼睑多能活动，鼓膜很发达，左下颌骨以骨缝相接，有胸骨和肢带。

蜥蜴大部分靠产卵繁衍，有些种类为卵胎生。

● 知识拓展 ●

科莫多巨蜥是世界上最大的蜥蜴类动物，也是世界上珍贵的动物之一，在科莫多岛上的国家公园里，它们已经被保护起来。

壁虎

分类 爬行纲—蜥蜴目

栖息地 全世界各温暖地区

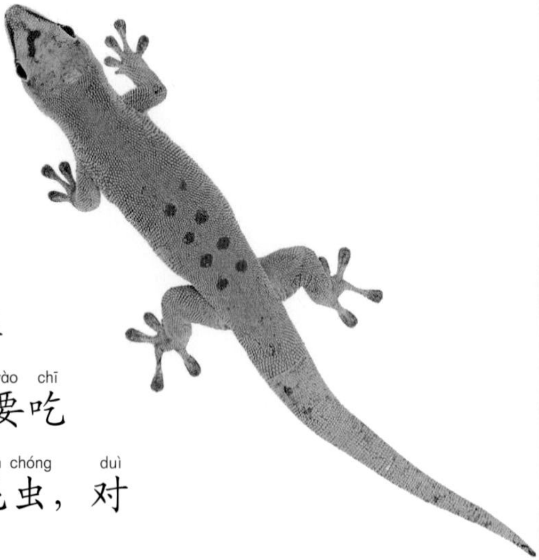

bì hǔ yě jiào
壁虎也叫
xiē hǔ shì pá xíng
蝎虎，是爬行
dòng wù shēn tǐ biǎn
动物，身体扁
píng sì zhī duǎn
平，四肢短，
zhǐ shang yǒu xī pán néng zài
趾上有吸盘，能在
qiáng bì shang pá xíng zhǔ yào chī
墙壁上爬行；主要吃
wén yíng é děng xiǎo kūn chóng duì
蚊、蝇、蛾等小昆虫，对
rén lèi yǒu yì
人类有益。

bì hǔ shòu dào qiáng liè gān rǎo shí tā de wěi ba
壁虎受到强烈干扰时，它的尾巴
kě zì xíng jié duàn yǐ hòu hái huì shēng chū xīn wěi ba
可自行截断，以后还会生出新尾巴。

壁虎是人们生活中最常见的一种蜥蜴，它们经常躲在隐蔽的地方产卵，每次产2枚，卵是白色的，壳容易碎。

乌龟

分类 爬行纲—龟鳖目—淡水龟科

栖息地 中国、朝鲜半岛和日本

乌龟也叫秦龟、金龟、草龟，背腹面有坚硬而厚的甲，背甲一般长10~20厘米，头、尾巴和四肢露在外面，遇到紧急情况时可以全部缩入龟壳中，坚硬的甲壳使外敌无从下手。乌龟过着半水栖生活，性情温和，以植物、螺、虾、小鱼等为食，冬季在池塘底或田间淤泥里越冬。

　　乌龟是中国各地最常见的一种淡水龟类，每年5～8月间产卵，每次产卵5～7枚，孵化期50～80天，幼龟出壳后当即下水，独立生活。

鸟 类

　　鸟类是由古爬行类进化而来的一支适应飞翔生活的高等脊椎动物。体表被羽毛覆盖，身体呈流线型，前肢变成翼，后肢形成支持体重的双脚，除极少种类外都能飞翔。身体内有气囊，体温高而恒定，并且具有角质喙。鸟的食物多种多样，包括花蜜、种子、昆虫等。

鸽 子

分　类　鸟纲—鸽形目—鸠鸽科

栖息地　世界各地广泛分布

gē zi hé rén lèi bàn jū yǐ yǒu shàng qiān nián de lì shǐ
鸽子和人类伴居已有上千年的历史。

tā men pǐn zhǒng hěn duō　yǒu jiā gē　yán gē　yuán gē děng
它们品种很多，有家鸽、岩鸽、原鸽等，

yǔ máo yǒu bái sè　huī sè　jiàng zǐ sè děng　yǐ gǔ lèi zhí
羽毛有白色、灰色、酱紫色等，以谷类植

wù wéi shí
物为食。

gē zi chì bǎng hěn
鸽子翅膀很

dà　shàn yú fēi xíng
大，善于飞行，

rén men lì yòng gē zi jiào
人们利用鸽子较

qiáng de fēi xiáng lì hé guī
强的飞翔力和归

cháo néng lì děng tè xìng
巢能力等特性，

péi yǎng chū bù tóng pǐn zhǒng
培养出不同品种

de xìn gē
的信鸽。

鸽子常被用作和平的象征。

　　鸽子的眼睛生长在头部两侧，这样鸽子看到的只是两个单眼的成像，所以它们必须不断移动自己的脑袋，以便获取更多的信息。

黄鹂

分　类 鸟纲—雀形目—黄鹂科

栖息地 夏季：中国和日本

　　　　　冬季：马来西亚、印度和斯里兰卡等地

黄鹂又叫黄莺、黄鸟，体长约25厘米，嘴巴红色或黄色。雄鸟羽毛颜色金黄而有光泽，翅膀和尾巴中央黑色；雌鸟羽毛颜色黄中带绿。黄鹂栖息在树上，叫声婉转，常被饲养作为观赏鸟。黄鹂主要吃森林中的有害昆虫，因此是一种对林业有益的鸟。

● **知识拓展** ●

    黄鹂是黄鹂科黄鹂属鸟类的统称，共有24种，中国有5种，黑枕黄鹂为典型代表。

麻雀

分　类 鸟纲—雀形目—雀科

栖息地 北自俄罗斯西伯利亚中部，南至印度尼西亚，东至日本，西至欧洲

麻雀又叫家雀、树麻雀等，是与人类伴生的鸟类，栖息于居民点和田野附近。麻雀体长约14厘米，头圆，尾巴短，嘴呈圆锥状，头顶和颈部栗褐色，背部稍浅，满缀黑色条纹。麻雀翅膀短小，不能远飞，善于跳跃，平时主要吃谷类；繁殖季节常捕食昆虫，并将捕到的昆虫喂给小麻雀吃。

啄木鸟

分　类 鸟纲—啄木鸟目—啄木鸟科

栖息地 除大洋洲和南极洲的世界各地

啄木鸟栖息在树上，善于攀缘树木，嘴巴尖而直，可以凿开树皮；舌头细长，能伸缩，舌尖生有短钩，适于钩食树洞里的蛀虫，被称为"森林医生"。它们尾巴上的羽毛粗硬，啄木时可以支撑住身体。啄木鸟是森林益鸟，因此也是需要保护的鸟类。

孔雀

分　类　鸟纲—鸡形目—雉科

栖息地　山脚一带溪河沿岸或农田附近

kǒng què tóu shang yǒu
孔雀头上有
yǔ guān　xióng niǎo tǐ cháng
羽冠，雄鸟体长
yuē　mǐ　yǔ máo yán
约2.2米，羽毛颜
sè xuàn làn　duō dài yǒu
色绚烂，多带有
jīn shǔ guāng zé　wěi ba
金属光泽，尾巴
kāi píng shí xiàng shàn zi yí
开屏时像扇子一
yàng　fēi cháng piào liang
样，非常漂亮。

cí niǎo méi yǒu wěi píng　yǔ máo de yán sè yě méi yǒu xióng niǎo de hǎo
雌鸟没有尾屏，羽毛的颜色也没有雄鸟的好
kàn　kǒng què yǐ zhǒng zi　jiāng guǒ děng wéi shí　yě chī xī shuài
看。孔雀以种子、浆果等为食，也吃蟋蟀、
zhà měng　xiǎo é děng　kǒng què shì guó jiā yī jí bǎo hù dòng wù
蚱蜢、小蛾等。孔雀是国家一级保护动物，
duō sì yǎng lái gōng guān shǎng
多饲养来供观赏。

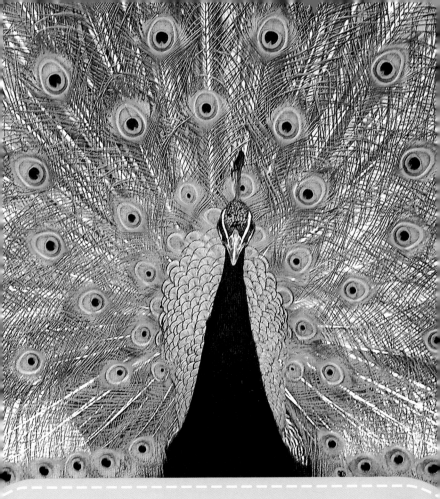

白鹭

分类 鸟纲—鹭科

栖息地 湖沼岸边和水田中

白鹭又称白鹭鸶，是一种非常美丽的水鸟。身长约60厘米，全身羽毛雪白，蓑羽可供帽饰用。白鹭腿很长，喜欢群居，捕食小鱼等水生动物。

白鹭在中国主要分布于长江以南各地和海南；在中部地区为夏候鸟，在南方多为留鸟。

● 知识拓展 ●

　　白鹭很早就被确定为福建省厦门市的市鸟,在厦门随处可见白鹭飞翔,厦门市中心的公园也命名为白鹭洲,白鹭还被尊奉为厦门的"女神"。

鸳鸯

分 类 鸟纲—鸭科

栖息地 内陆湖泊及溪流中

鸳鸯是候鸟，平时成对生活，不分离；善于行走和游泳，飞行力也强。鸳鸯以植物性食物为主，也食小鱼和蛙类；繁殖期间以昆虫和鱼类等为主食。

事实上，鸳鸯在生活中并非总是成对生活，配偶也不是终生不变。在鸳鸯的群体中，雌鸟往往多于雄鸟。

鸳鸯为中型游禽，分布于中国东部、印度、斯里兰卡、马来半岛和印度尼西亚。雄鸳鸯羽色华丽，头顶为金属翠绿色，一对帆状的"相思羽"竖立在背部两侧。

信天翁

分　类　鸟纲—信天翁科

栖息地　南半球海域、北太平洋及加拉帕戈斯群岛和秘鲁外海

信天翁是国家一级保护动物，有短尾信天翁、黑脚信天翁、漂泊

信天翁等。信天翁善于飞行，体型大的种类长可达1米以上。

成鸟身体呈白色，颈部略带浅黄色。

鼻孔都呈管状，左右分开；趾间有蹼，能游泳，生活在海边，捕食鱼类。

● 知识拓展 ●

　　信天翁的翅膀长度惊人，而且翅膀上有一片特殊的肌腱，能将伸展的翅膀固定位置，这使得它们能够跟随船只滑翔数小时而几乎不拍打一下翅膀。

蜂 鸟

分　类 鸟纲—雨燕目—蜂鸟科

栖息地 南美和中美，沿美洲西岸往北直达阿拉斯加南部

蜂鸟是世界上已知最小的鸟，双翅展开仅3.5厘米，羽色通常极其艳丽，嘴细长，呈管状，舌能自由伸缩。它们常飞行于花间，取食花蜜和花上的小昆虫，有传粉的作用。

蜂鸟的新陈代谢非常快，正常体温是43℃，心跳每分钟达615次，每昼夜消耗的食物量比它的体重还要多1倍。

蜂鸟是世界上唯一可以向后飞行的鸟。

　　蜂鸟因拍打翅膀的嗡嗡声而得名，能够通过快速拍打翅膀悬停在空中，最小的蜂鸟双翅振动的速度达每秒50次。

鹰

分　类 鸟纲—鹰科部分种类

栖息地 山林或平原地带

鹰专吃肉类，会捕捉老鼠、蛇、野兔或小鸟，甚至捕捉山羊、绵羊和小鹿。鹰多数在白天活动，即使它在千米以上的高空翱翔，也能把地面上的猎物看得一清二楚，是鼎鼎有名的"千里眼"。鹰性情凶猛，嘴弯曲而锐利，四趾有钩爪，动物学上将它划入猛禽类。

　　鹰喜欢把巢建在很高的地方，如高大树木的顶部、悬崖峭壁背风的凸岩上。因为这些地方人和其他动物很难接近，这样比较安全。

天鹅

分类 鸟纲—鸭科

栖息地 湖泊、沼泽地带

天鹅颈部修长，超过体长或与身躯等长，姿态优美，主要以水生植物为食，飞行快速而高。全世界有5种天鹅，中国有大天鹅、小天鹅和疣鼻天鹅，它们均为国家二级保护动物。疣鼻天鹅是天鹅中最美丽的，嘴赤红，前额有一黑色疣突。

　　每逢春末夏初，冰雪消融，旅居在印度、缅甸、巴勒斯坦甚至远到红海和地中海沿岸诸国的天鹅，不远万里，成群结队地飞到中国巴音布鲁克天鹅湖自然保护区，筑巢、换羽、求偶、生儿育女、栖息繁衍。

鹦鹉

分　类 鸟纲—鹦鹉科

栖息地 热带森林中，营巢于岩洞或树穴内

鹦鹉在世界各地的热带地区都有分布，种类繁多，形态各异，色彩华丽，舌头肉质柔软，经训练，能模仿人的声音，中国共有7种，分布较广的如绯胸鹦鹉，体长约30厘米，分布于云南南部、广西西南部及海南岛，均为留鸟。

鹦鹉为国家二级保护动物。

　　鹦鹉聪明伶俐，善于学习，经过训练可表演许多有趣的节目，如衔小旗、接食、翻跟斗等，是马戏团、公园和动物园中不可多得的鸟类"表演艺术家"。

燕子

分　类 鸟纲—雀形目—燕科

栖息地 除最寒冷地区和极偏远的岛屿外，世界性分布

燕子是益鸟，主要以蚊、蝇等昆虫为主食。家燕在农家屋檐下营巢，它们把衔来的泥和草茎用唾液黏结成皿状的巢，然后在里面铺上细软的杂草、羽毛、破布等。燕子是典型的迁徙鸟，繁殖结束后，幼鸟仍跟随成鸟活动，并逐渐集结成大群，在第一次寒潮来前南迁越冬。

雁

分　类 鸟纲—鸭科

栖息地 群居水边

雁是雁亚科各种类的通称，是大型游禽，外形略似家鹅，嘴宽而厚，末端所具嘴甲也较为宽阔，喙缘有较钝的栉状突起。雄雌羽色相似，多以淡灰褐色为主，并布有斑纹。雁主食嫩叶、细根、种子，也啄食农田谷物；每年春分后飞回北方繁殖，秋分后飞往南方越过，飞行时排成"一"字或"人"字形。中国常见的有鸿雁、豆雁、白额雁等。

● **知识拓展** ●

鸿雁又名原鹅、大雁，是家鹅的原祖。古人想象鸿雁能够传信，大概是因为它是候鸟，往返有期，因而有"鸿雁传书"的联想。

巨嘴鸟

分　类 鸟纲—䴕形目—巨嘴鸟科

栖息地 美洲热带地区

jù zuǐ niǎo fēn bù zài rè dài dì qū　　qī xī yú yǔ lín
巨嘴鸟分布在热带地区，栖息于雨林、

lín dì hé cǎo yuán　　yǐ guǒ shí wéi shí　　yě shí kūn chóng　 jù zuǐ
林地和草原，以果实为食，也食昆虫。巨嘴

niǎo de zuǐ gǔ gòu zào hěn tè bié　　wài miàn shì yì céng báo ké　 zhōng
鸟的嘴骨构造很特别，外面是一层薄壳，中

jiān guàn chuān zhe jí xì xiān wéi　　duō kǒng de hǎi mián zhuàng zǔ zhī chōng mǎn
间贯穿着极细纤维，多孔的海绵状组织充满

kōng qì　　yīn cǐ　　tā sī háo gǎn jué bú dào chén zhòng de yā lì
空气，因此，它丝毫感觉不到沉重的压力。

巨嘴鸟跟其他鸟类一样，不会出汗，它的巨嘴就是很好的散热工具，比大象耳朵的散热效果还好，是它们控制体温的有效工具。

猫头鹰

分　类　鸟纲—鸮形目—鸱鸮

栖息地　世界各地

猫头鹰的喙和爪都弯曲呈钩状，锐利。两眼位于正前方，眼周的羽毛呈放射状，细羽排列形成脸盘，面形似猫，因此得名。猫头鹰的脖子特别灵活，所以脸能转向后方。另外，猫头鹰听觉神经很发达，夜间或黄昏活动，以鼠类为食，间或捕食小鸟或昆虫。

142

● 知识拓展 ●

　　猫头鹰是捕鼠能手，一个夏天就能捕食上千只野鼠。一只野鼠一个夏天要糟蹋上千斤粮食，那么，一只猫头鹰在一个夏天保护的粮食，抵得上三个人一年的口粮。

鹈鹕

分类 鸟纲—鹈鹕科

栖息地 沿海湖沼，河川地带

鹈鹕是一种大型游禽，在野外成群生活，善于游水和飞翔。鹈鹕体长可达2米，羽毛多是白色，趾间有全蹼，翼大而阔，下颌底部有一个很大的喉囊，能伸缩，可用来兜食鱼类，是名副其实的捕鱼能手。

如果成群的鹈鹕发现鱼群，它们便会排成直线或半圆形进行包抄，把鱼群赶向河岸水浅的地方，张开大嘴，连鱼带水一起吞下去，再收缩喉囊把水挤出来。

　　鹈鹕亦称"伽蓝鸟"、"淘河鸟"、"塘鹅",简称"鹈",分布在中国的有斑嘴鹈鹕,在长江下游、福建为夏候鸟;在广西、广东、云南南部为冬候鸟。

海鸥

分　类 鸟纲—鸥科—海鸥亚科

栖息地 欧洲、亚洲至阿拉斯加及北美洲西部

中国沿海一带习惯上常把许多种类，甚至包括燕鸥在内，都称为海鸥。比较常见的海鸥体长约45厘米，为旅鸟和冬候鸟。

海鸥上体呈苍灰色，下体白色。主要以鱼虾、蟹、贝为食，也吃农田里的害虫和田鼠等。

● 知识拓展 ●

　　海鸥能预报海上的天气变化。如果海鸥贴近海面飞行,未来的天气将是晴好;如果海鸥成群结队地飞向海边,或聚集在沙滩、岩石缝里,则预示着暴风雨即将来临。

画眉

分 类 鸟纲—鹟科—画眉亚科

栖息地 低密的树林中

画眉为常见的留鸟，不依季节不同而迁徙，体长约24厘米，背羽绿褐色，下体黄褐色，腹部中央灰色，头色较深而有黑斑；眼圈白色，向后延伸呈蛾眉状，喜欢在枝头上唱歌。画眉领域性极强，以种子及昆虫为食。雄鸟性凶好斗。

中国画眉有三个亚种，其中指名亚种分布最广泛，另种土画眉，也叫"黑脸噪鹛"。

148

● 知识拓展 ●

　　画眉不仅是农林益鸟，而且鸣声悠扬
婉转，悦耳动听，历来被民间饲养为笼养观
赏鸟，被誉为"鹛类之王"，驰名中外。

丹顶鹤

分　类 鸟纲—鹤形目—鹤科

栖息地 黑龙江、辽宁及俄罗斯西伯利亚东部和朝鲜半岛

丹顶鹤又称仙鹤，是鹤的一种，体长在1.2米以上，身体羽毛主要为白色，头顶有一块皮肤裸露，呈朱红色，因此得名。

丹顶鹤腿又细又长，适于在近水浅滩或沼泽地中行走；喙和颈较长，适于捕食水中

的鱼、虾和软体动物；鸣声响亮，飞翔力强，飞翔时颈和腿都伸直，姿态安闲优美。

● **知识拓展** ●

　　丹顶鹤是国家一级保护动物，翅膀大，末端呈黑色；两翼折叠时，覆盖在整个白色短尾上面，常被误认为是尾羽。

火烈鸟

分　类 鸟纲—鹳形目—红鹳科

栖息地 地中海沿岸，东达印度西北部，南抵非
洲，也见于西印度群岛

火烈鸟体型大小和鹳差不多，嘴短而厚，颈长而曲，脚极长，尾巴短，羽毛颜色艳丽。火烈鸟栖息于温热带盐湖水滨，常万余只结群，主要以小虾、蛤蜊、昆虫、藻类等为食。它们觅食时头往下浸，嘴倒转，将食物吮入口中，把多余的水和不能吃的渣滓排出，然后徐徐吞下。

152

　　火烈鸟的胆子很小，如果受到惊吓，它们就会成群飞起来，像一片红色的彩云，蔚为壮观。

企鹅

分　类　鸟纲—企鹅目—企鹅科

栖息地　南非至南美洲西部岩岛及南极洲沿岸

企鹅是不会飞的鸟类，但是擅长游泳和潜水。企鹅体长约65厘米，全身羽毛密布，背部黑色，腹部白色并杂有一或两条黑色横纹，皮下脂肪厚达2~3厘米，这种特殊的保温设备，使它在零下六十摄氏度的冰天雪地中，仍然能够自在生活。企鹅的舌头以及上颚有倒刺以适应吞食鱼虾等食物，但是这并不是牙齿。企鹅的两翼成鳍状，羽毛细小呈鳞状。

昆 虫

　　昆虫属于节肢动物门，身体分头、胸、腹三部。头部有触角、眼、口器等；胸部有足三对，翅膀两对或一对，也有不长翅膀的；腹部有节，两侧有气孔，是呼吸器官。多数昆虫都经过卵、幼虫、蛹、成虫等发育阶段。

　　昆虫纲不但是节肢动物门中最大的一纲，也是动物界中最大的一纲。全世界已记录有92万多种。

蝴 蝶

分 类 昆虫纲—鳞翅目—锤角亚目

栖息地 除南北极寒冷地区外的世界各地，大部分
分布于美洲

蝴蝶翅膀阔大，颜色美丽，静止时四翅竖立在背部，腹部瘦长。蝴蝶种类很多，有的幼虫吃农作物，是害虫；有的幼虫吃蚜虫，是益虫。蝴蝶翅膀的鳞片里含有丰富的脂肪，能把蝴蝶保护起来，所以即使下小雨时，蝴蝶也能飞行。

蝴蝶一生要经历四个阶段：卵—幼虫—蛹—成虫。

蜻 蜓

分 类 昆虫纲—蜻蜓目—差翅亚目

栖息地 全世界分布，尤以热带地区为多

蜻蜓被称为"飞行之王"，它能忽上忽下、忽前忽后、忽快忽慢地飞行。蜻蜓头大而灵活，一对很大的复眼占头部体积的一半，复眼由1.2万个小眼组成，视觉非常敏锐；腹部细长，呈圆筒形或扁长，有两对长而窄的膜质翅膀。蜻蜓能在飞行时捕食其他昆虫。

全世界已知有约6500种蜻蜓，中国约有400种。蜻蜓一般分为两类，一类称蜻蜓，停息时两对翅膀平放两侧；一类称豆娘，停息时两对翅膀竖立在背上。

蜜蜂

分类 昆虫纲—膜翅目—蜜蜂科

栖息地 世界各国

蜜蜂属完全变态发育，有一对膝状触角，嚼吸式口器，两对透明的膜翅前后钩挂在一起，工蜂的后足为携粉足。蜜蜂之间的交流是通过外激素、触角接触及特殊的舞蹈语言完成的。蜜蜂酿制的蜂蜜、分泌的蜂乳、蜂王浆和蜂花粉都是我们熟知的营养品，蜂毒和蜂胶可以入药，蜂蜡是重要的工业原料。

一个蜂巢里有一只蜂王、少数雄蜂和众多的工蜂。蜂王任务主要是产卵，雄蜂专司交配，勤劳的工蜂负责打扫蜂房、分泌蜂蜡建造蜂房、照顾幼虫、伺候蜂王、外出采蜜等。

瓢虫

分　类 昆虫纲—鞘翅目—瓢虫科

栖息地 除南极外的世界各地

瓢虫身体像个半圆，生有漂亮的色斑。瓢虫头很小，头的一部分常常隐藏在前胸背板下面；生有一对较大的复眼和棍棒一样的触角。瓢虫会经历卵—幼虫—蛹—成虫四阶段的完全变态。

世界上已知瓢虫有5000余种，中国有400余种。

● **知识拓展** ●

　　瓢虫的成虫、幼虫在受到刺激时都会分泌一种淡黄色的液体，虽然无毒，却具有强烈的刺激性气味，借以驱散敌害。

蚊

分　类　昆虫纲-双翅目-蚊科

栖息地　除南极洲外各大陆均有分布

蚊已知3300余种，中国有350种。最常见的是按蚊、库蚊和伊蚊三属。按蚊身体多灰色，翅有黑白花斑，停立时身体与立面成一斜角。库蚊体多黄棕色，无花斑，停立时身体与立面平行。伊蚊体黑色或棕色，多有白斑，停立姿势与库蚊相同。蚊产卵水中，幼虫和蛹均生活在水中。蚊能传播疟疾、丝虫病和流行性乙型脑炎等疾病。

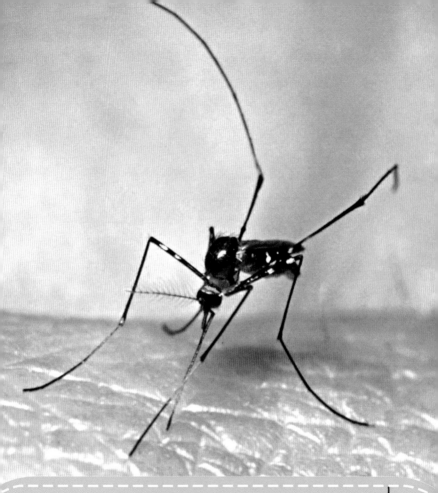

蝇

分类 昆虫纲-双翅目-蝇科

栖息地 世界各地

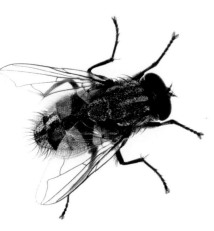

蝇科种类繁多，分布广泛，体长6~7毫米，密生短毛，灰黑色，胸背有四条斑纹，无金属光泽。蝇口器适于舐吸，复眼大，仅有一对前翅，后翅退化为平衡棒。蝇的幼虫称为"蛆"，呈白色，没有头和足，孳生于粪便和垃圾等污物中。

蝇繁殖很快，夏季大约十天就能繁殖一代，能传染伤寒、霍乱、结核、痢疾等疾病。

在中国最常见的是舍蝇，家蝇是
欧洲的标准种，中国西北地区也有，
此外还有金蝇、绿蝇、麻蝇等。

蝗 虫

分类 昆虫纲-直翅目-蝗科

栖息地 世界各地

蝗虫属节肢动物门昆虫类，身体大型或中型，呈绿色或黄褐色，有一对丝状触角，口器为典型的咀嚼式；后足强大，适于跳跃。蝗虫经历卵—若虫—成虫三个阶段的不完全变态，成虫与若虫食性相同，且食量很大，主要危害禾本科植物。

蝗虫体表覆有一层几丁质的外骨骼，可以保护体内水分不易丧失，又能抵抗干燥、潮湿、病菌和杀虫剂。

若虫一般称为"蝻"。

蝗虫是农林害虫之首，全世界约有12000种，中国有700余种，如飞蝗、稻蝗、竹蝗、意大利蝗、蔗蝗、棉蝗等。飞蝗爆发时可遍布几百千米，数以百亿计。

蝉

分类 昆虫纲-同翅目-蝉科

栖息地 沙漠、草原和森林

蝉俗称知了，是一种较大的吸食植物汁液的昆虫，幼虫栖息土中，成虫用针刺口器吸取树汁，对树木有害，是一种林业害虫。

会鸣叫的蝉是雄蝉，它的发音器在腹基部，像蒙上了一层鼓膜的大鼓，鼓膜受到振

动而发出声音，鸣声特别响亮。蝉的鸣叫声能预报天气，如果蝉很早就在树端高声歌唱起来，这就告诉人们今天天气很热。

蝉能用它那尖细的口器刺入树皮吮吸树汁，口渴的蚂蚁、苍蝇、甲虫等都会跟来吮吸树汁。如果一棵树上被蝉插上十几个洞，树木会因树汁流尽枯萎死亡。

蚂蚁

分类 昆虫纲—膜翅目—蚁科

栖息地 土穴及树枝等孔穴中

蚂蚁是地球上最常见的昆虫，也是数量最多的昆虫。世界已知约11700种，中国有600余种。

蚂蚁过着群体生活，有明显的多型现象。一般一个群体中包含雌蚁、雄蚁和工蚁三种不同的型。一般雌蚁与雄蚁有翅，工蚁与兵蚁无翅。触角膝状，弯曲，腹部有一二节呈结节状。

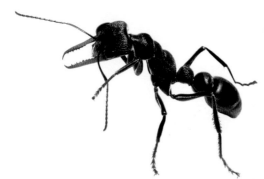

蟋蟀

分　类 昆虫纲—直翅目—蟋蟀科

栖息地 世界性分布

蟋蟀身体呈黑褐色，触角很长，后腿粗大，善于跳跃。蟋蟀生活在阴暗潮湿的地方，常栖息于地表、砖石下、土穴中、草丛间。它们夜间出来活动，啮食植物茎叶、种实和根部，为农业害虫。蟋蟀生性孤僻，一般独居。雄性喜鸣、好斗，有互相残杀的现象。

螳螂

分　类 昆虫纲-螳螂目

栖息地 除南极外，广布于世界各地，特别是热带和亚热带

螳螂体型较大，头部呈三角形，复眼很大，触角细长，胸部有两对翅膀和三对足；前胸细长，前足粗大呈镰刀状，其股节和胫节生有倒钩状刺，用来捕捉害虫，故为益虫。螳螂卵产于鞘内，次年初夏从卵鞘中孵化出若虫，若虫蜕皮数次，发育为成虫，为不完全变态。

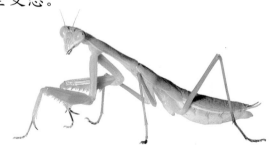

螳螂的卵块称为"螵蛸"，可供药用。

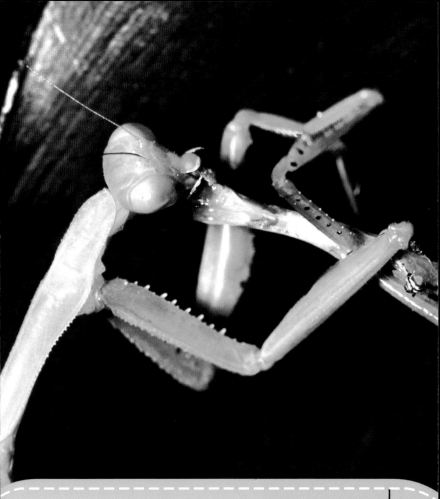

● 知识拓展 ●

螳螂分布广泛，约有2200余种，中国有110余种，常见的有：中华绿螳螂，亦称"大刀螂"，体长约8厘米，黄褐或绿色；斑小螳螂，亦称"小刀螂"，体长5～6.5厘米，灰褐或暗褐色。

天牛

分　类 昆虫纲-鞘翅目-天牛科

栖息地 除南北极寒冷地区以外的世界各地

天牛成虫的大小、形状、颜色因种类而异，大者体长可达11厘米，小者仅4~5毫米；一般身体呈长椭圆形，触角较身体长。幼虫黄白色，呈扁长圆筒形，胸足退化，古称"蟛蛴"。幼虫蛀食树木枝干，它们的粪便和啃下的木屑会从蛀孔排出，由此很容易知道它的存在，故俗称"锯树郎"。天牛为森林、桑树和果树的重要害虫，最常见的有星天牛、桑天牛等。

全世界已知有25000余种天牛，中国有2000余种。

毛虫

分类 昆虫纲—鳞翅目—蛾类或蝶类

栖息地 除南极外的世界各地

　　máo mao chóng shì mǒu xiē lín chì mù kūn chóng de yòu chóng chéng chóng
　　毛毛虫是某些鳞翅目昆虫的幼虫，成虫
shì hú dié fā yù de zuì hòu yí gè jiē duàn máo mao chóng měi huán jié
是蝴蝶发育的最后一个阶段。毛毛虫每环节
de yóu zhuàng tū qǐ shang cóng shēng zhe máo yǒu xiē máo mao chóng tǐ shang de
的疣状突起上丛生着毛，有些毛毛虫体上的
dú máo kě yǐn qǐ rén lèi pí yán
毒毛可引起人类皮炎。

　　máo mao chóng fù yǎn fā dá dān yǎn liǎng gè huò wú dān yǎn
　　毛毛虫复眼发达，单眼两个或无单眼，
yǐ zhí wù de yè zi wéi shí
以植物的叶子为食。

蝼蛄

分类 昆虫纲-直翅目-蝼蛄科

栖息地 庭院、田园及潮湿处

蝼蛄亦称"蝼蝈"、"蝼蜮"、"蝲蝲蛄"、"土狗子",是一种农业害虫。它们穴居土中,前足变形为挖掘足,适于掘土,并能切断植物的根部、嫩茎、幼苗等。蝼蛄食性复杂,主要危害禾苗、甘蔗、亚麻和甘薯等。常见的有非洲蝼蛄,中国南方较多;华北

蝼蛄,亦称"大蝼蛄",分布于华北。

蝼蛄的干燥虫体可入药，性寒，味咸，有小毒，主治小便不利或闭塞不通、水肿，外用治瘰疬、恶疮等。体虚者及孕妇忌用。

动物之最

最大的两栖动物	大鲵
最大的哺乳动物	蓝鲸
跑得最快的动物	猎豹
最高的动物	长颈鹿
嘴巴最大的陆地动物	河马
跳得最远的哺乳动物	袋鼠

最长的鳄鱼	湾鳄
海洋中最聪明的动物	海豚
最长的昆虫	竹节虫
最大的鸟	鸵鸟
最小的鸟	蜂鸟
翅膀最长的鸟	信天翁

图书在版编目（CIP）数据

图解动物小百科/晨风童书编著. — 北京：中国人口出版社，2015.1
（中国儿童天天读好书系列）
ISBN 978-7-5101-3058-8

Ⅰ．①图… Ⅱ．①晨… Ⅲ．①动物－儿童读物
Ⅳ．①Q95-49

中国版本图书馆CIP数据核字(2014)第289099号

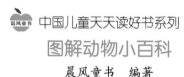

中国儿童天天读好书系列

图解动物小百科

晨风童书　编著

出版发行	中国人口出版社
印　　刷	长春市时风彩印有限责任公司
开　　本	787毫米×1092毫米　1/32
印　　张	6
字　　数	120千字
版　　次	2015年6月第1版
印　　次	2015年6月第1次印刷
印　　数	1-5000册
书　　号	ISBN 978-7-5101-3058-8
定　　价	16.80元

社　　长	张晓林
网　　址	www.rkcbs.net
电子信箱	rkcbs@126.com
总编室电话	(010) 83519392
发行部电话	(010) 83534662
传　　真	(010) 83519401
地　　址	北京市西城区广安门南街80号中加大厦
邮　　编	100054